BEI GRIN MACHT SICH IHR WISSEN BEZAHLT

- Wir veröffentlichen Ihre Hausarbeit,
  Bachelor- und Masterarbeit

- Ihr eigenes eBook und Buch -
  weltweit in allen wichtigen Shops

- Verdienen Sie an jedem Verkauf

Jetzt bei www.GRIN.com hochladen
und kostenlos publizieren

Bremsvorgang ohne ABS. Grundlagen sowie Modellbildung

Johann Padel

Bibliografische Information der Deutschen Nationalbibliothek:

Die Deutsche Nationalbibliothek verzeichnet diese Publikation in der Deutschen Nationalbibliografie; detaillierte bibliografische Daten sind im Internet über http://dnb.d-nb.de abrufbar.

ISBN: 9783346612458
Dieses Buch ist auch als E-Book erhältlich.

© GRIN Publishing GmbH
Nymphenburger Straße 86
80636 München

Druck und Bindung: Books on Demand GmbH, Norderstedt Germany
Gedruckt auf säurefreiem Papier aus verantwortungsvollen Quellen

Das Buch bei GRIN: https://www.grin.com/document/1184092

Assignment

im Studiengang Wirtschaftsingenieurswesen

Modul: Systemanalyse, SYA 81

Bremsvorgang ohne ABS

vorgelegt von:

Johann Padel

Inhaltsverzeichnis

1. Einleitung

1.1.   Einführung in das Thema

Seit 1991 ist die Zahl der Verkehrstoten pro Jahr in Deutschland stark gesunken (vgl. Abb. 1, S. 2). Obwohl die geleisteten PKW-Kilometer auf deutschen Straßen im gleichen Zeitraum um ca. 50% gestiegen sind (vgl. Ahlswede, A., 2019) sank die Zahl der Verkehrstoten um über 60%. Das Fazit hieraus ist: der Straßenverkehr wird sicherer. Dies liegt nicht zuletzt an Sicherheitssystemen wie Airbags, sondern auch einem erhöhten Sicherheitsdenken sowie am Einsatz von Fahrassistenzsystemen. In diesem Zusammenhang nimmt der Bremsvorgang eine zentrale Stellung ein. Insbesondere bei immer schwerer werdenden Fahrzeugen wird ein rasches Abbremsen angestrebt, da die kinetische Energie in Bezug auf die Sicherheit eine wichtige Rolle spielt (vgl. Ebel, G., 2014, S. 323).

Seit dem ersten serienmäßigen Einsatz im Jahr 1978 (vgl. Daimler 2008) nimmt das ABS[1] beim Bremsen eine zentrale Funktion an. Seine Hauptaufgabe besteht in einem Verhindern des Blockierens der Räder im Bremsvorgang und so einen effizienten Bremsweg sicherzustellen. Zwar ist das System heute nichtmehr aus modernen Fahrzeugen wegzudenken, doch sind längst nicht alle Fahrzeuge im Straßenverkehr serienmäßig mit einem ABS ausgestattet

1.2.   Problemorientierte Fragestellung

Die kinetische Energie, die sich bei bewegten Fahrzeugen als Produkt bewegter Masse mit der Beschleunigung des Fahrzeuges ausdrücken lässt spielt auch beim Bremsvorgang eine wichtige Rolle, da sich ableiten lässt, dass unterschiedliche Ausgangsmassen sowie -geschwindigkeiten einen maßgeblichen Einfluss auf das Bremsverhalten ausüben (vgl. Doering, E., 2008, S. 12). Solche physikalischen Zusammenhänge können für verschiedene Parameter mithilfe des Softwaretools Simulink® von Matlab® simuliert und diskutiert werden und geben weiter Aufschluss für sicheres Fahren ohne ABS.

---

[1] ABS: Anti-Blockier-System

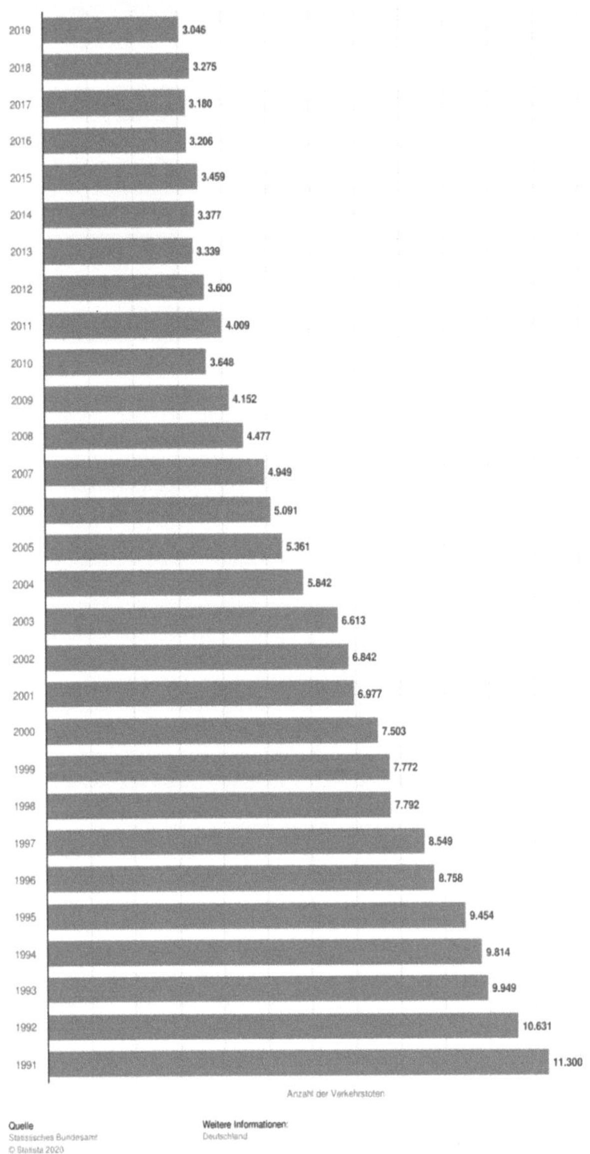

Abbildung 1 - Verkehrstote in Deutschland 1991 - 2019 (vgl. Ahlswede, A., 2020)

2. **Grundlagen**

2.1.   Der Systembegriff

Als System wird eine Menge aus einzelnen Elementen bezeichnet, die zu bestimmten Zwecken miteinander in Beziehung und Wechselwirkung stehen und sich von ihrer Umwelt über eine Systemgrenze hinweg trennen lassen (vgl. Simon, F. B., 2018, S. 9). Über gewisse Schnittstellen in dieser Systemgrenze kann ein System mit der Umwelt interagieren und so z.B. Stoffe, Energie oder Informationen austauschen. Ein System kann, je nach Größe, auch aus Subsystemen bestehen, welche sich wiederum weiter in Subsysteme unterteilen lassen. Ein PKW lässt sich gemäß diesem Ansatz beispielsweise in die vier Systeme Motor, Fahrwerk, Kabine und Getriebe unterteilen, wobei sich auch das Fahrwerk als Subsystem weiter in Fahrgestell und Räder gliedern lässt. Grundlegend lässt sich die gesamte menschliche Umwelt in Systeme aufteilen, die allesamt in verschiedensten Ausprägungen und Zusammenhängen auftreten können. So wird beispielsweise ein Fahrzeug als technisches, eine Familie als soziales oder eine Volkswirtschaft als wirtschaftliches System bezeichnet.

2.2.   Dynamische Systeme

Viele Systeme lassen sich mit Ursache-Wirkung Prinzipien beschreiben. So z.B. auch ein sich bewegendes Fahrzeug. Die Ausgangsgröße „Geschwindigkeit des Fahrzeuges" y(t) ist maßgeblich von der Eingangsgröße „Gaspedalstellung" u(t) sowie den Störgrößen z(t) abhängig (vgl. Abb. 2).

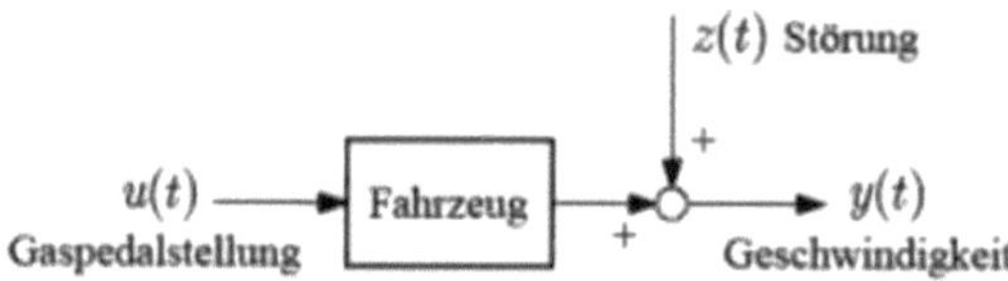

Abbildung 2 - Fahrzeug als dynamisches System (vgl. Bohn, C., 2016, S. 1)

Dynamisch wird ein System, sobald die Ausgangsgröße von dem zeitlichen Verlauf der Eingangsgröße abhängt. In dynamischen Systemen werden dementsprechend Informationen aus der Vergangenheit gespeichert. Der Bremsvorgang eines PKWs ist somit auch als dynamisches System einzuordnen und kann auch als speicherfähiges System oder System mit Gedächtnis bezeichnet (vgl. Bohn, C., 2016, S.1).

## 2.3.	Modellierung und Simulation von Systemen

Modelle versuchen, die Realität so getreu wie möglich abzubilden. Systeme werden aus verschiedenen Gründen in Modelle überführt, zum Beispiel um das Systemverhalten im Verlauf der Zeit vorauszusagen (vgl. Bohn, C., 2016, S. 2). Dies wird auch als Simulation bezeichnet. Betrachtet man ein System, empfiehlt es sich, das reale System in ein vereinfachtes Modell zu überführen. Dies dient der Reduktion der Komplexität. Dabei ist zu beachten, dass das System soweit abstrahiert werden muss, sodass das entstehende Modell nur die notwendigen Informationen erfasst (vgl. Lunze, J., 2017, S. 5).

Speziell in der Konzeptions- und Entwurfsphase von komplexen, technischen Systemen empfiehlt es sich ausreichend Simulationen durchzuführen (vgl. Bohn, C., 2016, S. 2). Dies spart neben Entwicklungsaufwand auch Zeit und Kosten. Eine bewährte Software zur Simulation von dynamischen Systemen ist Matlab® Simulink®.

## 2.4.	Bremsvorgang

Zunächst stellt sich die Frage, was in dem dynamischen System „Bremsweg des PKWs" zu beachten ist. Gemäß der Norm ISO611[2] umfasst der Bremsvorgang alle Vorgänge, die zwischen dem Beginn der ersten Betätigung der Bremse und dem anschließenden Lösen der Bremse oder dem Fahrzeugstillstand durchgeführt werden (vgl. ISO 2003). Dieser Vorgang ist in Abbildung 3 schematisch dargestellt. Wird der PKW zu stark gebremst, kann es durch ungünstig große Radschlupfwerte[3] oder sogar ein komplettes Blockieren der Räder zu einem Ausbrechen des Fahrzeugs oder erheblicher Lenkbeeinträchtigung kommen (vgl. Eroy, M., 2009, S. 355). Dem kann ein ABS entgegenwirken und das Blockieren der Räder beim Bremsen verhindern.

---

[2] ISO 611, erschienen 04.2003 unter dem Originaltitel „Road vehicles - Braking of automative vehicles and their trailers - vocabulary" zu dt.: Straßenfahrzeuge - Bremsen für Automobile und deren Anhänger - Vokabular"
[3] Abweichung der Radumdrehung im Verhältnis zur Gesamtstrecke

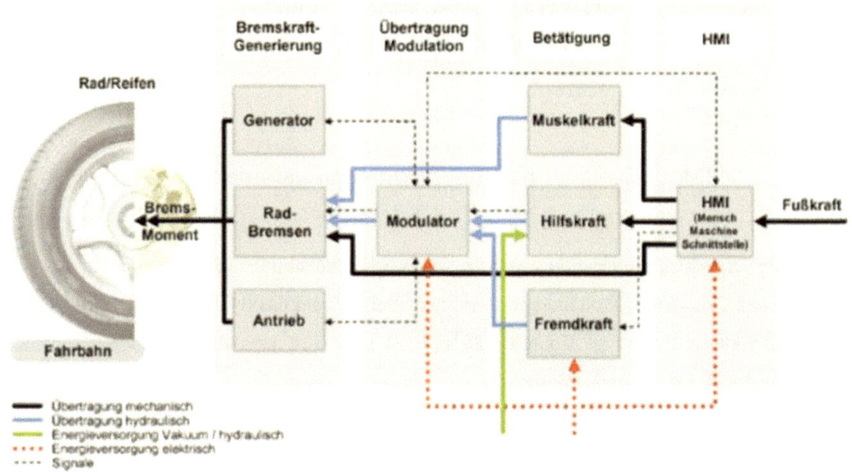

Abbildung 3 - Mögliche Wirkkette innerhalb von PKW-Bremssystemen (vgl. Ersoy, M., 2009, S. 250)

Prinzipiell hat sich der Bremsweg von Fahrzeugen innerhalb der letzten 30 Jahre stark verkürzt (vgl. Abb. 4, Seite 6). Dies ist sowohl auf den technischen Fortschritt bei Bremssystemen (vgl. ABS), als auch auf fortschrittlichere Reifen zurückzuführen (vgl. Breuer, B., 2017, S. 29).

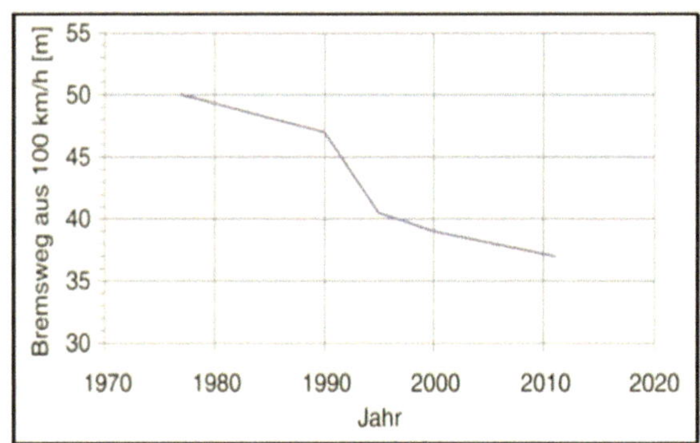

Abbildung 4 - Bremswegentwicklung (vgl. Breuer, B., 2017, S. 29)

3. **Bremsvorgang eines PKW ohne ABS**

Um den Bremsvorgang eines PKW ohne ABS hinreichend modellieren und simulieren zu können macht es vorab Sinn, das Gesamtsystem PKW mit den relevanten wirkenden Kräften zu betrachten und anschließend soweit zu abstrahieren, das ein Modell entsteht, welches das Systemverhalten im Rahmen einer Simulation möglichst realgetreu wiederspiegelt zu erstellen. Das Gesamtsystem ist in Abbildung 5 dargestellt.

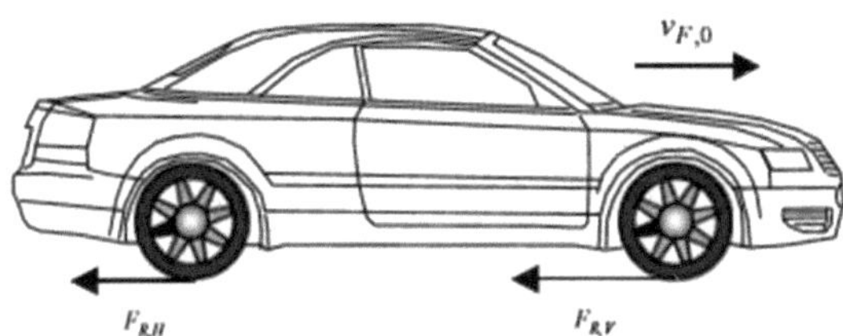

Abbildung 5 - PKW beim Bremsen (vgl. Scherf, H., 2010, S. 24)

Es wirken die Anfangsgeschwindigkeit des PKW $v_{F,0}$, die Reibungskraft in der Reifenaufstandsfläche des Vorderrades, auch Latsch genannt, $F_{R,V}$ und die Reibungskraft im Latsch des Hinterrades $F_{R,H}$. Beim Bremsvorgang wirkt über die horizontale Achse des Fahrzeuges ein Drehmoment, aus welchem eine höhere Belastung auf das Vorderrad als auf das Hinterrad resultiert, auch Nickmoment genannt (vgl. Scherf, H., 2010, S.24). Entsprechend ist $F_{R,H}$ kleiner als $F_{R,V}$.

3.1. Bewegungsgleichung Rad

Um die Bewegungsgleichung für das Gesamtsystem aufstellen zu können müssen Fahrzeug und Räder getrennt betrachtet werden. Zur sinnvollen Vereinfachung des Modelles wird nur ein Rad betrachtet. Dieses wird freigeschnitten und die wirkenden Kräfte und Drehmomente eingetragen. Die hier wirkenden Kräfte und Momente sind in Abbildung 6, S. 7, dargestellt. Der Drehwinkel des Rades stellt die Koordinaten des Systems dar.

Zu betrachten sind die folgenden Variablen:

φ_R	Drehwinkel
ω_R	Winkelgeschwindigkeit des Rades
M_B	Bremsmoment
F_R	Reibungskraft
r_R	Radradius
M_R	Drehmoment
J_R	d'Alembertsche Trägheitsmoment

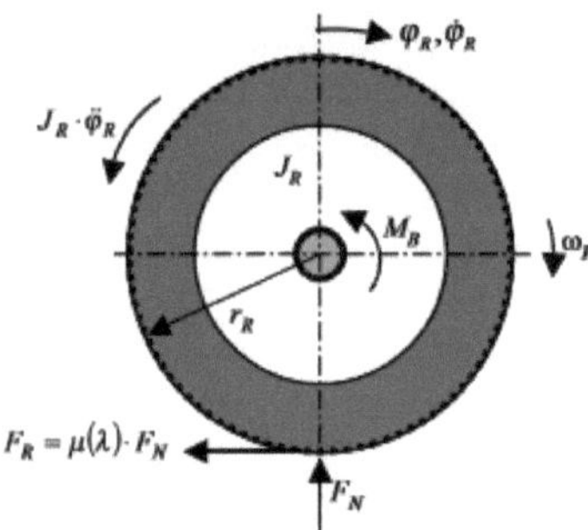

Abbildung 6 - Freigeschnittenes Rad (vgl. Scherf, H., 2010, S. 25)

Nach rechts wirken die Kräfte, welche das Rad antreiben, diese sind im Vorzeichen positiv, nach links die entsprechenden negativen Bremskräfte.

Werden die Kräfte gemäß der Regel des Momentengleichgewichts gleichgesetzt erhält man die Bewegungsgleichung des Rades:

$$J_R \cdot \ddot{\varphi}_R = F_R \cdot r_R - M_B$$

Hierbei ist die Reibungskraft F_R das Produkt aus dem Reibungskoeffizienten μ und der Normalkraft F_N. Infolge des Nickmomentes ist F_R größer als die Gewichtskraft $m \cdot g$ (vgl. Scherf, H., 2010, S. 25).

Der Reibungskoeffizient hängt vom Schlupf λ ab (vgl. Scherf, H., 2010, S. 25). Dieser ist wie folgt definiert:

$$\lambda = \frac{v_F - v_R}{v_F}$$

Der Schlupf setzt die Differenz der Fahrzeuggeschwindigkeit zur Radgeschwindigkeit ins Verhältnis zur Fahrzeuggeschwindigkeit und kann folglich Werte zwischen 0 und 1 (oder 0% bis 100%) annehmen, wobei ein Schlupf von für ein blockiertes Rad steht, ein Schlupf von 0 für ein freirollendes Rad (vgl. Scherf, H., 2010, S. 25).

Abbildung 7 stellt die Schlupfkurve und den zugehörigen Reibungskoeffizienten für eine trockene Asphaltstraße dar. Der höchste Reibungskoeffizient tritt bei einem Schlupf unter 20% auf. Dieser fällt dann linear ab bis auf 0,5 bei einem Schlupf von 100%. Daraus folgt, dass sich der Bremsweg bei zu starkem oder sogar vollständigem Blockieren des Rades verlängert.

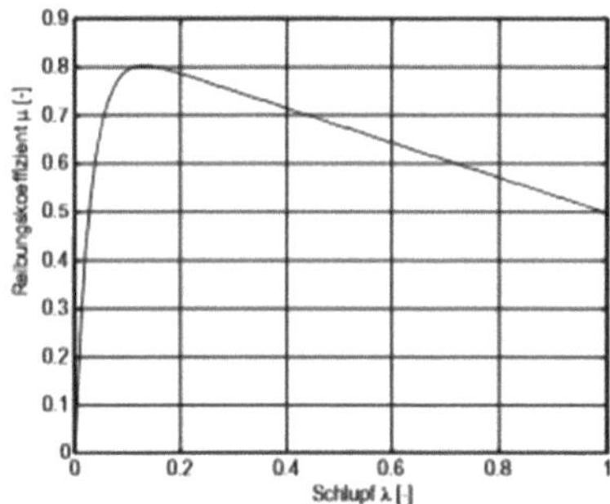

Abbildung 7 - Schlupfkurve bei trockener Asphaltstraße (vgl. Scherf, H., 2010, S.25)

3.2.   Bewegungsgleichung PKW

Nach der Betrachtung des Rades ist nun der PKW freizuschneiden und die wirkenden Kräfte zu betrachten Die wirkenden Kräfte sind in Abbildung 8, Seite 9, dargestellt.

Die Koordinaten der Fahrzeugbewegung sind hierbei der Weg x_F. Des Weiteren sind zu betrachten:

F_R	Zusammengefasste Reibungskraft aller 4 Räder
$m \cdot \ddot{x}_F$	d'Alembertsche Trägheitskraft
F_L	Luftwiderstand

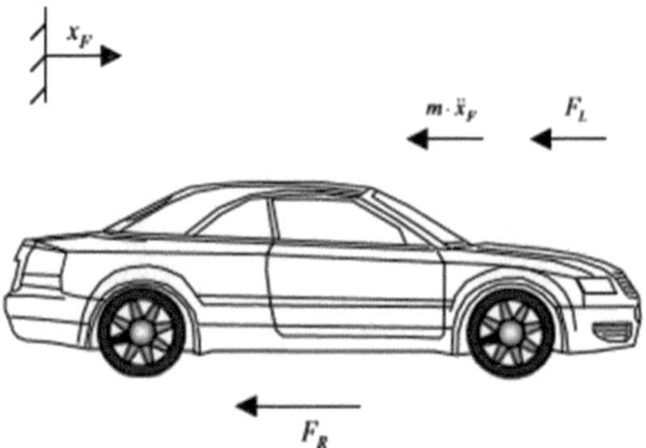

Abbildung 8 - freigeschnittenes Fahrzeug (vgl. Scherf, H., 2010, S. 26)

Dabei hängt der Luftwiderstand quadratisch von der Anströmgeschwindigkeit des Fahrzeuges ab und lässt sich wie folgt darstellen (vgl. Scherf, H., 2010, S. 26):

$$F_L = c_w \cdot A \cdot \frac{\rho}{2} \cdot v_F^2$$

Über das Kräftegleichgewicht lässt sich dann die Bewegungsgleichung des PKW ermitteln (vgl. Scherf, H., 2010, S. 26):

$$m \cdot \ddot{x}_F = -F_R - F_L$$
$$= -\mu(\lambda) \cdot F_N - c_w \cdot A \cdot \frac{\rho}{2} \cdot v_F^2$$

3.3.   Modellbildung

Die einzelnen Formeln werden nun im Softwaretool Simulink® in ein entsprechendes Blockschaltbild[4] überführt. Dieses ist in **Abbildung 9** dargestellt.

---

[4] Grafische Darstellung der Wirkungsketten innerhalb eines Systems

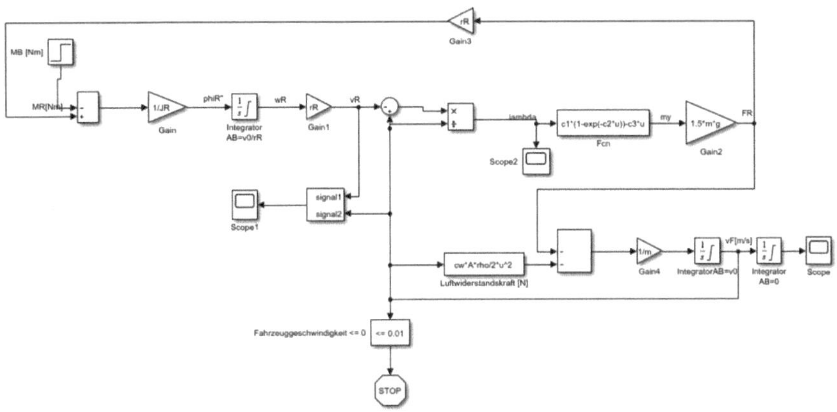

Abbildung 9 - Blockschaltbild aus Simulink® - eigene Darstellung aus Matlab® Simulink® (in Anlehnung an Scherf, H. 2010, S. 27)

Mithilfe des Blockschaltbildes lässt sich der Bremsvorgang eines PKWs ohne ABS simulieren. Jedoch müssen hierzu vorab die Parameter des Fahrzeuges festgelegt werden. Diese werden aus dem Fallbeispiel „Bremsvorgang ohne ABS" der Aufgabenstellung übernommen (vgl. Scherf, H., 2010, S. 24). In der Simulink® Umgebung sind diese über den Workspace folgendermaßen dargestellt. Es ist zu beachten, dass im Rahmen der Simulation die Geschwindigkeit in m/s anzugeben ist, d.h. km/h dividiert durch 3,6.

A	2	auto	[1 1]	real	[]	[]	☐
JR	0.8	auto	[1 1]	real	[]	[]	☐
c1	0.86	auto	[1 1]	real	[]	[]	☐
c2	33.82	auto	[1 1]	real	[]	[]	☐
c3	0.36	auto	[1 1]	real	[]	[]	☐
cw	0.3	auto	[1 1]	real	[]	[]	☐
g	9.81	auto	[1 1]	real	[]	[]	☐
m	1500	auto	[1 1]	real	[]	[]	☐
rR	0.3	auto	[1 1]	real	[]	[]	☐
rho	1.2	auto	[1 1]	real	[]	[]	☐
v0	27	auto	[1 1]	real	[]	[]	☐

Abbildung 10 - Vorgegebene Variable - eigene Darstellung aus Maltabl® Simulink ®

Abgesehen von der Anfangsgeschwindigkeit v0 und der Masse m des PKWs sind die anderen Werte aus der Aufgabenstellung vorgegeben und nicht variabel. Das Bremsmoment MB ist mit 5335Nm definiert, was einer Vollbremsung entspricht (vgl. Scherf, H., 2010, S. 28).

Wird nun die Simulation gestartet, kann man sich über die Scope Blöcke die entsprechenden Ergebnisse anzeigen lassen. Hierbei zeigt Scope 1 die Fahrzeuggeschwindigkeit vF und die Radgeschwindigkeit vR im Verlauf der Zeit an, Scope 2 den Schlupf im Verlauf der Zeit und der Block Scope den Bremsweg. In Abbildung 11 Seite12 sind die entsprechenden Diagramme für die gegebenen Ausgangswerte dargestellt. Es ist zu erkennen, dass die Räder nahezu sofort blockieren, entsprechend springt der Schlupf auf eins, das Fahrzeug rutscht und kommt nach 46 bis 48 Metern innerhalb von 3,5 Sekunden zum Stehen.

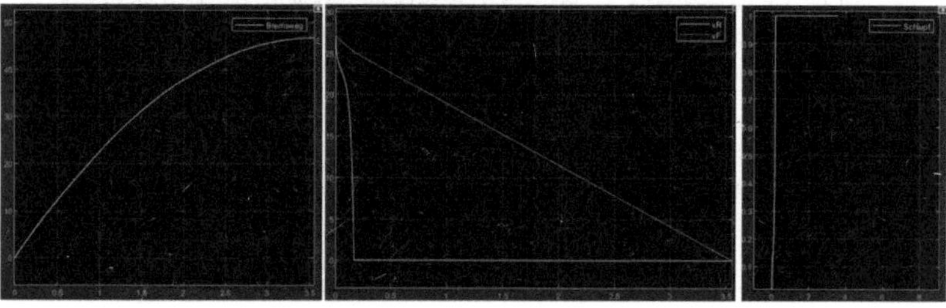

Abbildung 11 - Ergebnisse aus Simulation - eigene Darstellung aus Matlab® Simulink®

3.4. Weiterführende Simulationen

Um das Bremsverhalten ohne ABS hinreichend und aufschlussreich zu untersuchen, werden die Eingangsgrößen Fahrzeuggeschwindigkeit und Fahrzeugmasse nun verändert. Es wird der Vergleich zwischen Stadt- Überland- und Autobahnverkehr durchgeführt. Des Weiteren werden ein Mittelklassekombi, ein SUV sowie ein Kleinwagen hinsichtlich des Bremsverhaltens bei gleichem Bremsmoment betrachtet. Hierzu werden folgende Wertekombinationen untersucht:

1	v0= 150km/h	m=1500Kg
2	v0= 50km/h	m=1500Kg
3	v0= 150km/h	m=2000Kg
4	v0= 100km/h	m=2000Kg
5	v0= 50km/h	m=2000Kg
6	v0= 150km/h	m=800Kg

| 7 | v0= 100km/h | m=800Kg |
| 8 | v0= 50km/h | m=800Kg |

Die Ergebnisse der einzelnen Simulationen eins bis acht sind in den folgenden Abbildungen 12 bis 19 dargestellt.

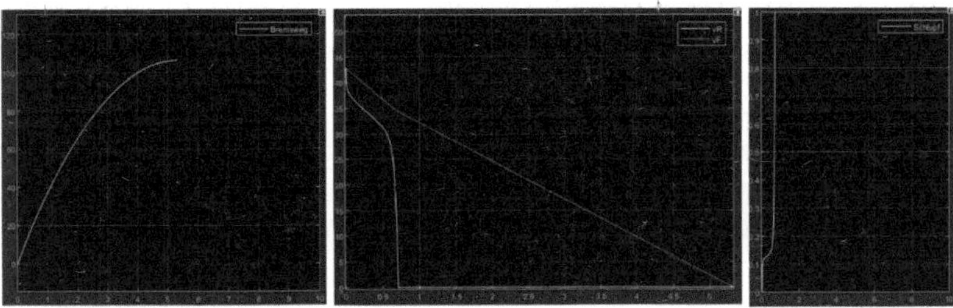

Abbildung 12 - Simulation 1 - eigene Darstellung aus Matlab® Simulink®

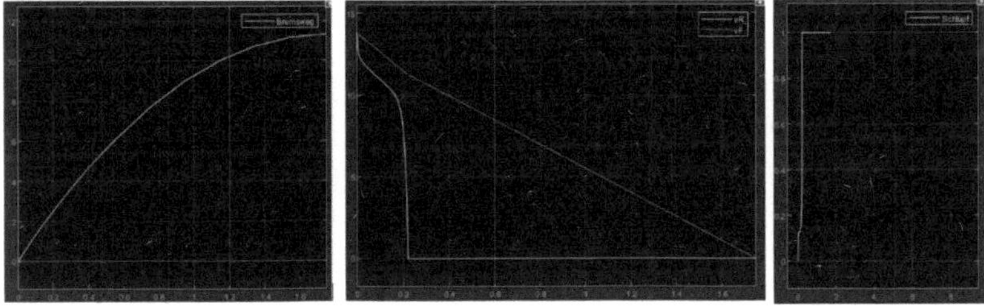

Abbildung 13 - Simulation 2 - eigene Darstellung aus Matlab@ Simulink®

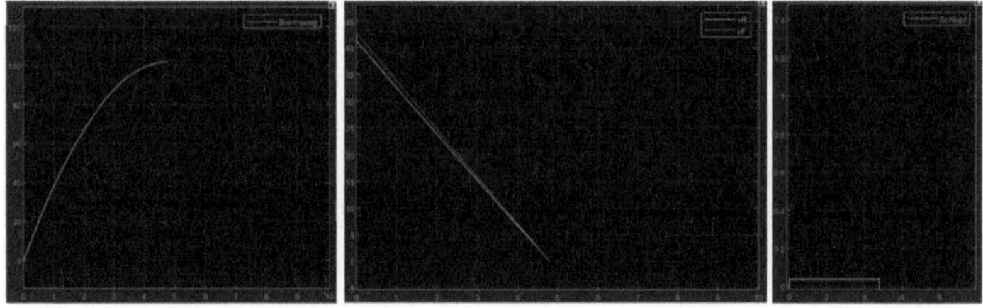

Abbildung 14 - Simulation 3 - eigene Darstellung aus Matlab@ Simulink®

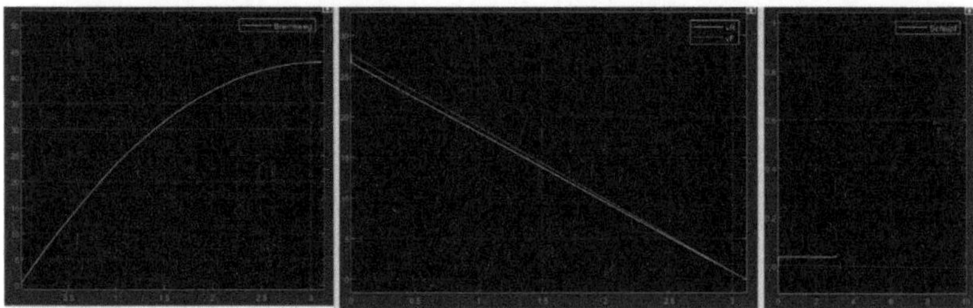

Abbildung 15 - Simulation 4 - eigene Darstellung aus Matlab@ Simulink®

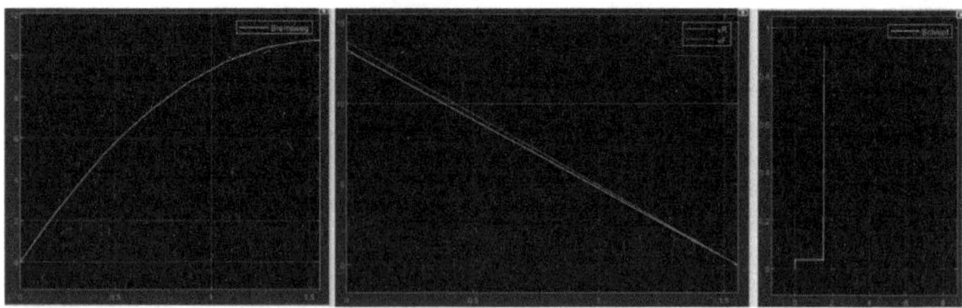

Abbildung 16 - Simulation 5 - eigene Darstellung aus Matlab@ Simulink®

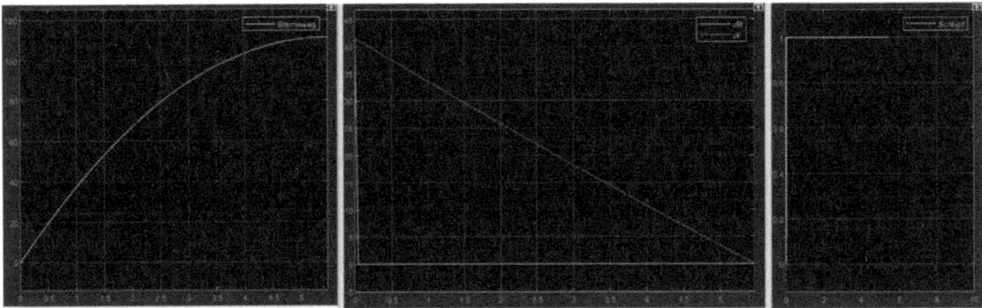

Abbildung 17 - Simulation 6 - eigene Darstellung aus Matlab@ Simulink®

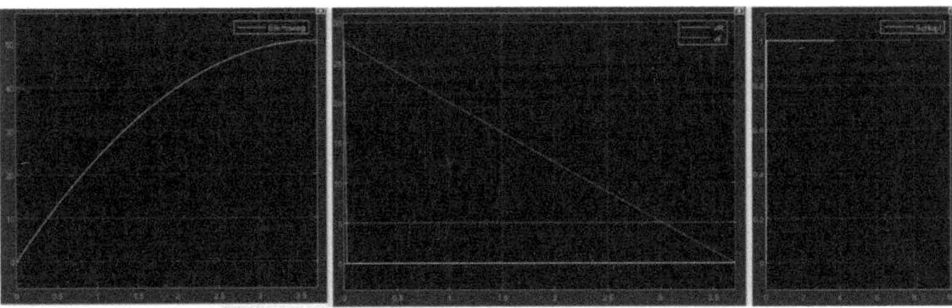

Abbildung 18 - Simulation 7 - eigene Darstellung aus Matlab@ Simulink®

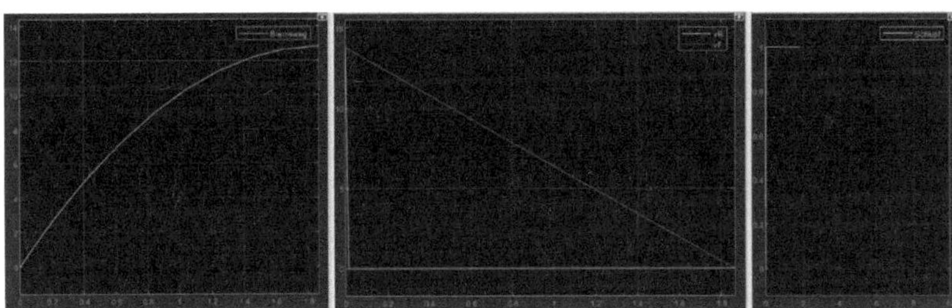

Abbildung 19 – Simulation 8 - eigene Darstellung aus Matlab@ Simulink®

Nachstehend sind die Ergebnisse der Simulationen tabellarisch zusammengefasst:

Simulation	Anfangsgeschwindigkeit [km/h]	Fahrzeugmasse [kg]	Bremszeit [s]	Bremsweg [m]
Ursprung	100	1500	3,5	47,9
1	150	1500	5,3	109,8
2	50	1500	1,8	11,6
3	150	2000	4,8	102,4
4	100	2000	3,4	43,2
5	50	2000	1,6	10,3
6	150	800	5,8	115,9
7	100	800	3,7	51,2
8	50	800	1,9	12,8

Folgende Erkenntnisse können aus den Simulationen abgeleitet werden:

- Der Bremsweg steigt überproportional zur Anfangsgeschwindigkeit.
- Je leichter das Fahrzeug desto eher blockieren die Räder.
- Ab einer gewissen Fahrzeugmasse ist das Bremsmoment MB nicht mehr in der Lage die Räder zum Blockieren zu bringen.
- Die Ausgangsgeschwindigkeit hat keinen Einfluss auf ein Blockieren der Räder.
- Ein Blockieren der Räder verlängert den Bremsweg.
- Je schwerer das Fahrzeug, desto kürzer der Bremsweg.

4. Fazit und kritischer Ausblick

Im Rahmen der Simulation konnte nachgewiesen werden, dass ein Blockieren der Räder zu einem längeren Bremsweg führt. Hauptverantwortlich ist hierfür das Bremsmoment im Verhältnis zur Fahrzeugmasse. Je niedriger diese ist, desto eher ist das Bremsmoment in der Lage die Räder des Fahrzeuges zu blockieren.

Als Nebeneffekt zu einem längeren Bremsweg kann bei einer Radblockade ein Verlust der Fahrzeugkontrolle auftreten.

Da während des Fahrens nicht die Möglichkeit besteht die Masse des Fahrzeuges zu erhöhen, sollte insbesondere bei leichten Fahrzeugen ohne ABS auf richtiges Bremsen geachtet werden.

Hierzu sollte nicht abrupt eine Vollbremsung eingeleitet werden, sondern vielmehr das Bremsmoment kontinuierlich, aber dennoch schnell ansteigend erhöht werden, um den Bremsweg einerseits zu verkürzen und das Ausbrechen des Fahrzeuges zu vermeiden. Um diesen Zusammenhang zu untersuchen empfiehlt es sich weiterführend den Einfluss des Bremsmomentes auf den Schlupf zu betrachten. Hierzu kann die Sprungfunktion des Bremsmomentes in mehreren Schritten erhöht werden bis auf das Maximum oder aber ein niedrigeres Bremsmoment angesetzt werden.

Hieraus folgt die Vermutung, dass bei Fahrzeugen mit ABS eine höhere Fahrzeugmasse automatisch zu einem längeren Bremsweg führt. Maßgeblich ist hierbei die kinetische Energie, welche, wie in Kapitel 1.2 beschrieben, maßgeblich von der Masse des Fahrzeuges abhängt und entsprechend aufgefangen werden muss.

I. Abbildungsverzeichnis

II. Literaturverzeichnis

Ahlswede, A.:
Verkehrstote in Deutschland - 1991 bis 2019, statista (Hrsgb.), 2020
Ahlswede, A.:
Fahrleistung von Pkw in Deutschland bis 2018, statista (Hrsgb.), 2019
Bohn, C., Unbehauen, H.:
Identifikation dynamischer Systeme: Methoden zur experimentellen Modellbildung aus Messdaten, Springer Verlag, 2016
Breuer, B., Bill, K.-H.:
Bremsenhandbuch: Grundlagen, Komponenten, Systeme, Springer Vieweg, 2017
Daimler
Mercedes Benz und die Erfindung des Anti-Blockier Systems, Daimler (Hrsgb.), 2008
https://media.daimler.com/marsMediaSite/de/instance/ko/Mercedes-Benz-und-die-Erfindung-des-Anti-Blockier-Systems-1978-ist-ABS-serienreif.xhtml?oid=9913502, abgerufen am 11.08.2020
Doering, E., Schedwill, H., Dheli, M.:
Grundlagen der technischen Thermodynamik, Springer Verlag, 2008
Ebel, G., Hofer, M.:
Automotive Management – Strategie und Marketing in der Automobilwirtschaft, Springer Verlag, 2014
Ersoy, M., Gies, S.:
Fahrwerkhandbuch: Grundlagen – Fahrdynamik - Fahrverhalten – Komponenten – Elektronische Systeme – Fahrassistenz – Autonomes Fahren - Perspektiven, Springer Vieweg Verlag, 2009
ISO
ISO 611-2003-04, Beuth, 2003
Lunze, J.:
Ereignisdiskrete Systeme: Modellierung und Analyse dynamischer Systeme mit Automaten, Markovketten und Petrinetzen, Walter de Gruyter Verlag, 2017
Scherf, H.:
Systemanalyse – Modellbildung und Simulation dynamischer Systeme, Oldenburg Verlag München, 2010
Simon, F. B.:
Einführung in die Systemtheorie des Konflikts, Carl Auer Systeme Verlag, 2018